经典兵器典藏

JINGDIAN BINGQI DIANCANG

陆 战 之 王 ——

坦克

崔钟雷 主编

知识出版社

前言
FOREWORD

[拂去弥漫的战场硝烟
续写世界经典兵器的旷世传奇]

　　自古至今,战争中从未缺少兵器的身影,和平因战争而被打破,最终仍旧要靠兵器来捍卫和维护。兵器并不决定战争的性质,只是影响战争的进程和结果。兵器虽然以其冷峻的外表、高超的技术含量和强大的威力成为战场上的"狂魔",使人心惊胆寒。但不可否认的是,兵器在人类文明的发展历程中,起到了不可替代的作用,是维持世界和平的重要保证。

　　我们精心编纂的这套《经典兵器典藏》丛书,为读者朋友们展现了一个异彩纷呈的兵器世界。在这里,"十八般兵器应有尽有,海陆空装备样样俱全"。只要翻开这套精美的图书,从小巧的手枪到威武的装甲车;从潜伏在海面下的潜艇到翱翔在天空中的战斗机,都将被你"一手掌握"。本套丛书详细介绍了世界上数百种经典兵器的性能特点、发展历程等充满趣味性的科普知识。在阅读专业的文字知识的同时,书中搭配的千余幅全彩实物图将带给你最直观的视觉享受。选择《经典兵器典藏》,你将犹如置身世界兵器陈列馆中一样,足不出户便知天下兵器知识。

编　者

目录
CONTENTS

美国坦克

俄罗斯坦克

英国坦克

德国坦克

目录 CONTENTS

 ## 其他国家坦克

美国坦克

M47 主战坦克

　　M4"谢尔曼"坦克在第二次世界大战中的惨败使得美军认识到必须生产一批新型坦克,这才有了M26中型坦克。在M26中型坦克的基础上,美军推出了M47主战坦克。M47主战坦克是20世纪50年代到70年代间美国和北约部队的王牌主战坦克。M47主战坦克在外形上并没有特别之处,它也是由车体和炮塔两个主体部分组成的。M47主战坦克的车体是由装甲钢板和铸造装甲部件焊接而成的。M47主战坦克前部是驾驶舱,中部为战斗舱,后部主要安放发动机和传动装置。驾驶舱的舱口盖上有一个M13潜望镜。

❱ 防护系统

　　作为美军装备的早期主战坦克,M47主战坦克的防护系统十分简单,车内无三防装置。

M47 主战坦克基本数据

车长：8.5 米

车高：3.016 米

乘员：5 人

战斗全重：46.1 吨

最大公路速度：56.3 千米／时

最大公路行程：600 千米

武器系统

　　M47 主战坦克的主要武器是一门 M36 式 90 毫米口径火炮，该炮采用立楔式炮闩，炮口装有 T 形或圆筒形消焰器，可发射穿甲弹、榴弹、教练弹和烟幕弹等多种炮弹。

M48 主战坦克

　　美国在朝鲜战场上见识了苏军坦克的威力。为了应付朝鲜战争和柏林危机，美国匆忙上马了 M48 主战坦克的生产项目。作为 M47 主战坦克的过渡产品，M48 主战坦克从开始研制到投产用时不到两年。1965 年，M48 主战坦克被美国海军带到了越南战场上。近距离时，M48 主战坦克后部的手榴弹发射器发挥了重要作用，而负责主炮的炮长则可同时进行射击任务。另外，当坦克处于休战状态时，士兵们便可用栅栏式的链条将坦克整个包围起来，这样可以保护坦克的安全。

▶ 探照灯

　　M48 主战坦克的远红外探照灯的亮度等于 100 万支蜡烛所发出的光之和。

M48 家族

　　虽然，美军匆忙中生产出的 M48 主战坦克在设计上有很多不足，但是经过不断整修，该坦克出现了很多种变型产品，如 M48A1、M48A2、M48A3 等，它们构成了强大的 M48 坦克家族。

M48 主战坦克基本数据

车长：8.44 米

车高：3.28 米

乘员：4 人

战斗全重：44.9 吨

最大公路速度：41.8 千米 / 时

最大公路行程：113 千米

▶ 测距仪

M48 主战坦克的测距仪通过旋转棱镜捕获目标，并测定距离，这是该坦克的设计亮点。

M60 主战坦克

作为 M48 主战坦克的衍生产品，1956 年开始研制的 M60 主战坦克是在 M48A2 主战坦克的基础上研制成功的。到 1958 年的时候，装备了新型动力装置的 M60 主战坦克在阿伯丁试验场进行了试验。M60 主战坦克在列装部队后的最初十年间，生产总量并不多。但是中东战争以后，它的产量大幅度提高。这是因为美国要向以色列大量出口坦克，所以生产商开始努力提高生产率，M60 主战坦克产量逐年增加。1978 年 10 月，该坦克月产量高达 129 辆。

▶生产过程

1959 年，M60 主战坦克定型，克莱斯勒公司承接了首批 180 辆的生产合同。1960 年，在更换了生产厂家后，M60 主战坦克被美军列为制式装备。

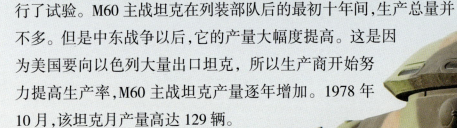

火力系统

M60 主战坦克的主要亮点在于它强大的火力系统：在经过了大量的准备工作之后，美国军方将 L7A1 式火炮和 T254E1 炮尾相结合，并将这种合二为一的武器定名为 M68 式加农炮。

▶ 作战性能

M60 主战坦克的主炮炮管可以在野战的条件下更换和拆卸，可发射脱壳穿甲弹、破甲弹、碎甲弹等多种炮弹。

M60 主战坦克基本数据

车长：9.3 米

车高：3.213 米

乘员：4 人

战斗全重：49.7 吨

最大公路速度：48.28 千米 / 时

最大公路行程：500 千米

M60A1 主战坦克

M60 主战坦克取代了 M47 主战坦克和 M48 主战坦克之后，美军将其主要投放到联邦德国的部队中。在使用的过程中，美军根据当地的实际情况和技术要求，将 M60 主战坦克更新为 M60A1 主战坦克。同时，M60A1 主战坦克也是 M60 主战坦克成为美军制式装备以来的第一款改进型产品。M60A1 主战坦克的改进之处很多，最重要的一点就是它装配了经过可靠性改进的发动机——AVDS-1790 型引擎的改进型，这是由"大陆"公司生产的一款发动机。

▶ 技术先进

为增强射击稳定性和打击精度,M60A1 主战坦克采用火炮双向稳定器和计算机瞄准设备,以增强作战能力。

M60A1 主战坦克基本数据

车长:9.4 米	
车高:3.27 米	
乘员:4 人	
战斗全重:52.6 吨	
最大公路速度:48 千米 / 时	
最大公路行程:496 千米	

装备情况

1960 年,M60A1 主战坦克开始列装美国陆军。此外,列装这种坦克的国家还有奥地利、意大利、以色列等十多个国家。

M60A2 主战坦克

  美军在 M60A1 主战坦克上安装了新的炮塔和 152 毫米口径两用炮,制造出一种新的主战坦克。但是,这款坦克又暴露出很多新的问题。因此直到 1971 年底,这款新型坦克才最终定型,这便是 M60A2 主战坦克。

  M60A2 主战坦克在技术方面的改进主要体现在对炮塔的更新上。M60A2 主战坦克安装了铸造而成的流线型炮塔,有效提高了防护能力。另外,由于车长指挥塔能电动旋转 360°,且独立于炮塔,因此炮塔上的机枪可有效地对付飞机。

火控系统

  M60A2 主战坦克采用分划扰动式火控系统,弹道计算机可以处理运动目标提前量的修正,因此 M60A2 主战坦克具有从静止位置射击运动目标的能力,但精度较低。

M60A2 主战坦克基本数据

车长：7.28 米

车高：3.31 米

乘员：4 人

战斗全重：51.9 吨

最大公路速度：48 千米 / 时

最大公路行程：500 千米

▶▶ 导弹制导系统

M60A2 主战坦克的导弹制导系统包括红外跟踪器，角速度传感器、信号数据转换器等。

M60A3 主战坦克

M60A3 主战坦克号称"终极巴顿",其研制工作于 1971 年开始。最初,科研人员为这款新型坦克安装了具有更高可靠性的发动机和被动观瞄仪。到 1979 年,首批 M60A3 主战坦克终于列入美国第五军第一装甲师的装备中。M60A3 主战坦克参加的规模比较大的战争是 20 世纪 90 年代发生在中东地区的海湾战争,但由于敌方的反坦克作战没有大规模地展开,所以美军很难看出该坦克的作战水平。

》综合特点

与 M60A1 和 M60A2 主战坦克相比,M60A3 主战坦克虽然有所改进,但性能上并无太大突破。

作战用途

M60A3 主战坦克主要用于在正面交锋中与敌方装甲力量作战,或在己方部队深入敌人后方时与敌方的坦克战斗。此外,M60A3 主战坦克还可执行火力支援等任务。

M60A3 主战坦克基本数据

车长：9.43 米

车高：3.27 米

乘员：4 人

战斗全重：52.6 吨

最大公路速度：48 千米／时

最大公路行程：480 千米

▶ 作战性能

　　M60A3 主战坦克采用 M21 电子模拟全固态弹道计算机，这大大提高了计算的精度和可靠性。

M1 主战坦克

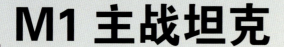

1973 年的中东赎罪日战争后，美国决定设计一款新型坦克，总体要求是新型坦克要在三个方面有突出的优势，那就是火力强大、防护性好、机动灵活。M1 主战坦克便是在这样的设计思路指导下设计完成的。M1 主战坦克的优点主要是安装了特别的装甲、热成像仪，并配备良好的火力控制系统和涡轮发动机等。新型发动机的使用使得它在工作的时候几乎不发出噪声，因此士兵们称它为"耳语般的死亡"。

❯ 改进

M1 主战坦克是典型的装备初期性能不佳，但依靠改进获得高性能的坦克。

M1 主战坦克基本数据
车长:9.83 米
车高:2.89 米
乘员:4 人
战斗全重:54.5 吨
最大公路速度:72.4 千米 / 时
最大公路行程:464 千米

▶ 缺点

　　M1 主战坦克是 M1 系列主战坦克中最原始、最基础的型号，它的各项性能都没有达到预想的目标，M1 主战坦克也因此一度被人嘲笑。

设计目标

　　美军从实际情况出发，按照设计目标的优先级为这些目标进行了排序：乘员生存性能、目标监控和目标捕获能力、首发和次发命中率。这些是最关键的目标，而这样的排序也体现了美军对 M1 主战坦克综合性能的高要求。

M1A1 主战坦克

M1A1"艾布拉姆斯"坦克属于第二次世界大战后的第三代主战坦克，简称 M1A1，这款坦克于 1985 年开始进入美国陆军部队服役。M1A1 主战坦克是典型的炮塔型坦克。驾驶舱位于车体前部，战斗舱在中部，动力舱位于后部。驾驶舱内配有三具整体式潜望镜，关窗驾驶时，驾驶员半仰卧操纵坦克。到夜间时，潜望镜会换成夜视镜。

▶ 作战能力

M1A1 主战坦克的炮弹储量是 55 发，具备较长的作战时间和较强的火力支援能力。

装甲

1988 年 6 月以后生产的 M1A1 主战坦克车体前部加装贫铀装甲，这种新型装甲的强度是早期型号装备的乔巴姆装甲的 5 倍。在海湾战争中，参战的 M1A1 主战坦克多数换装了贫铀装甲，实战效果非常理想。

M1A1 主战坦克基本数据

车长:9.77 米

车高:2.85 米

乘员:4 人

战斗全重:57 吨

最大公路速度:66.7 千米 / 时

最大公路行程:465 千米

》先进设计

　　M1A1 主战坦克的摇架结构经过反复改进，重量相对较轻，而且增大了炮塔内的空间。

M1A2 主战坦克

  M1A2 主战坦克是 M1 主战坦克的衍生品，M1A2
主战坦克在性能与配备上有很多独特之处，采用了很
多先进的装备。该坦克首次安装了车长独立热像仪，
这是该坦克的主要特征之一。该独立稳定式热像仪具有猎潜式瞄准镜的目标捕捉能
力，大大提高坦克在能见度很低的情况下与敌交战的能力，同时极大地提高了该型坦
克的夜间作战能力。M1A2 主战坦克也确实不负众望，伊拉克战争打响后，M1A2 主战
坦克大显身手，在围攻巴格达的战斗中表现出色。

❯ 作战效能

  M1A2 主战坦克有全新的指挥、控制、通信
相结合系统，大大提高了坦克的作战效能。

M1A2 主战坦克基本数据

车长:9.83 米

车高:2.85 米

乘员:4 人

战斗全重:63 吨

最大公路速度:67 千米 / 时

最大公路行程:470 千米

灭火系统

M1A2 主战坦克配备自动灭火系统，可以快速扑灭遭受攻击后车内出现的大火。

导航系统

自主式地面导航系统的安装,使 M1A2 主战坦克在极端的气候环境中也能应付自如。

电子设备

M1A2 主战坦克配备的电子传感系统提高了目标识别能力及与友邻坦克的信息传递能力。

M1A2SEP 主战坦克

作为"艾布拉姆斯"主战坦克的最新型产品，M1A2SEP "艾布拉姆斯"主战坦克配备了最先进的仪器设备和数字化指挥、控制、通信系统。M1A2SEP 主战坦克是美军现役装备中最先进的数字化坦克。作为 M1A2 主战坦克的衍生品，M1A2SEP 主战坦克在控制系统、毁伤性能和可靠性上有了很大的改进，而车际信息系统和数字化战斗指挥系统更是其灵魂所在。

▶ 综合实力

在国际武器评估小组日前公布的世界现役主战坦克综合实力排名中，M1A2SEP 主战坦克赢得了"世界最强坦克"的称号。

作战能力

M1A2SEP 主战坦克在火力性能和生存性能的优势条件下能够很好地控制战场节奏。

▶ 探测能力

M1A2SEP 主战坦克的探测距离为 6.8 千米，超越同系列任何一款坦克。

M1A2SEP 主战坦克基本数据

车长：9.83 米

车高：3.05 米

乘员：4 人

战斗全重：67 吨

最大公路速度：68 千米 / 时

最大公路行程：450 千米

▶ 技术亮点

M1A2SEP 主战坦克安装了第二代前视红外夜视仪组件，夜视能力非常强。

M1A3 主战坦克

　　伊拉克战争中,美军装备的 M1 系列主战坦克的优良性能使得它在战争中大放异彩,为此,美军取消了让 M1 系列主战坦克退役的计划。这样,M1 系列主战坦克不仅避免了被淘汰的厄运,还得到了一次升级换代的机会。而它的升级产品便是 M1A3 主战坦克。据悉,在美国陆军装备 M1A3 主战坦克后,M1A3 主战坦克将会在美国陆军中服役至少四十年,甚至可能是更长的时间。

"重火力的移动堡垒"

　　M1A3 主战坦克装备高膛压自冷膛管滑膛炮,火力强大、射击精准,而新型陶瓷复合装甲让该坦克具备很强的反破甲性能。M1A3 主战坦克因此成为名副其实的"重火力的移动堡垒"。

M1A3 主战坦克基本数据

车长：10.2 米

车高：2.2 米

乘员：3 人

战斗全重：53 吨

最大公路速度：82 千米 / 时

最大公路行程：595 千米

数字化

　　新型计算机、通讯系统、传感器，以及导航设备的安装，使得 M1A3 主战坦克的作战能力明显提高。

❯❯ 性能提升

与它的前两代产品相比，M1A3主战坦克的性能有了相当大的提高，不仅重量更轻了，而且采用了新型的防护装甲。

俄罗斯坦克

T34 中型坦克

　　作为现代坦克的先驱,T34 中型坦克装备数量之多、装备国家之广、服役期限之长,在世界各国的坦克发展史中也是屈指可数的。第二次世界大战期间,苏联共生产 4 万多辆 T34 中型坦克。T34 中型坦克是坦克发展史上具有里程碑意义的代表之作。事实上,无论用何种词汇来赞美 T34 中型坦克都不过分,因为 T34 中型坦克挽救了苏联卫国战争,挽救了苏联红军,甚至可以说挽救了第二次世界大战的欧洲战场。因此可以说,T34 中型坦克是第二次世界大战期间欧洲战场上真正的"王者兵器"。

深远影响

　　T34 中型坦克曾经是世界上最炙手可热的武器,其生产总量超过 8 万辆,而且该坦克的设计思路对以后的坦克设计和发展有着革命性的影响。

T34 中型坦克基本数据

车长：5.92 米

车高：2.45 米

乘员：4 人

战斗全重：26.3 吨

最大公路速度：54 千米／时

最大公路行程：450 千米

▶ 综合性能

　　T34 中型坦克实现了火力性能和机动性能之间的动态平衡，更重要的是，该坦克拥有无与伦比的可靠性，而且结构相对简单，易于大批量生产。

T72 主战坦克

T72 主战坦克基本数据

车长:9.45 米

车高:2.19 米

乘员:3 人

战斗全重:41 吨

最大公路速度:65 千米 / 时

最大公路行程:500 千米

T72 主战坦克可以说是一代经典的主战坦克。直到今天,世界上仍有数十个国家装备 T72 主战坦克。T72 主战坦克炮塔采用铸造结构,呈半球形,车体用钢板精焊制成,驾驶舱位于车体前部中央位置,车体前装甲板上有 V 型防浪板。战斗舱中配有转盘式自动装弹机,战斗舱的布置环绕自动装弹机安排。1974 年,苏联部队装备了两万多辆 T72 主战坦克,该坦克不仅供苏联本国军队使用,而且还出口到捷克、印度、伊拉克等国。

❯ 造价

由于结合了当时最先进的技术,T72 主战坦克在 20 世纪 70 年代的生产成本就达到了每辆 300 万美元。

缺陷

T72 主战坦克最大的缺点就是自动装弹机的炮弹存放在炮塔下面的圆形转盘中,当弹药被点燃爆炸后,炮塔也常常会被炸离车体。

❱❱ 复合装甲

T72 主战坦克的复合装甲分为三层,外层为 80 毫米厚钢质装甲,中间层为 104 毫米厚的玻璃纤维,内层为 20 毫米厚的钢质装甲。

T80 主战坦克

    20 世纪 60 年代末期，苏联在 T64 主战坦克的基础上大力研发 T80 主战坦克，T80 主战坦克于 1976 年定型并列装部队。T80 主战坦克的设计基础是 T64 主战坦克，同时又借鉴了 T72 主战坦克的很多技术特点，但它的重要技术革新是动力系统。该型坦克是苏联首次采用燃气轮机的主战坦克，这一改进使得 T80 主战坦克拥有了很强的机动性，增大了战场上的生存几率。

❯ 改进型号

    T80 主战坦克共有三种改进型号：T80B、T80Y 和 T80U。

T80 主战坦克基本数据

车长：9.66 米

车高：2.202 米

乘员：3 人

战斗全重：46 吨

最大公路速度：70 千米 / 时

最大公路行程：600 千米

打击能力

T80 主战坦克的火炮威力惊人，且拥有很高的远程射击精度，可攻击地面装甲目标，也可攻击武装直升机，具有较高的命中率。

T90 主战坦克

在海湾战争中，T72 主战坦克损失惨重。后来，俄罗斯军队在 T72 主战坦克的基础上研制了新式坦克，并将其命名为 T90。T90 主战坦克是俄罗斯下塔吉尔工厂生产的组合式坦克，它采用 T72 主战坦克的炮塔、T80 主战坦克的底盘，只有火控系统是专门研制的，但其总体性能在当时是非常出色的。

▶ 一战成名

T90 主战坦克的闻名得益于车臣战争，这场战争成就了 T90 主战坦克的美名。

光电干扰系统

T90 主战坦克装备的光电干扰系统，可以自动感应到照射坦克的制导光束，并迅速发射特种榴弹制造烟幕，扰乱光束照射。

T90 主战坦克基本数据

车长：9.53 米

车高：2.226 米

乘员：3 人

战斗全重：46.5 吨

最大公路速度：65 千米／时

最大公路行程：550 千米

》热像仪

T90 主战坦克装备全景稳定式热像仪，具有搜索、发现和指示目标的能力。即使在夜间，其最大有效视距仍可达 3 700 米。

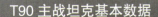

33

T95 主战坦克

1986 年，位于下塔吉尔的车辆设计局在苏联坦克装甲总局的要求下，提出了研制 T95 主战坦克的方案。1995 年，俄罗斯军队对"黑鹰"主战坦克和 T95 主战坦克进行了对比试验，并于当年正式装备 T95 主战坦克。T95 主战坦克继承了前几代坦克的优点，外形与 T72 和 T80 基本相同。T95 主战坦克与之前的坦克相比在设计上更简单，炮塔形状也更加优化。

❯ 主要武器

T95 主战坦克的主炮是一门 135 毫米口径的滑膛炮，这一口径是目前世界各国主战坦克中最大的。

悬挂装置

T95 主战坦克采用悬挂式装置，可以在一定限度内根据实际情况调节坦克底盘距离地面的高度，升高底盘用于崎岖路面行进，降低底盘可增强隐身性。

T95 主战坦克基本数据

车长:9.55 米

车高:2.3 米

乘员:3 人

战斗全重:50 吨

最大公路速度:65 千米 / 时

最大公路行程:700 千米

▶ 隐藏能力

T95 主战坦克的无人炮塔减少了坦克的正面面积,隐藏能力大大加强。

35

T95 主战坦克的内部采用隔舱式设计，三名成员都位于与炮塔隔离的战斗室内，大大地保证了乘员的安全。

▶ 反应装甲

T95 主战坦克炮塔顶部的装甲厚度不足 40 毫米，为了增强整体防护性能，加强其抗打击能力，设计者在这一位置安装了反应装甲。

英国坦克

"百夫长"主战坦克

  第二次世界大战期间，为了满足战争需要，英国坦克设计部门在新型巡洋坦克 A41 的基础上稍加改进，在兼顾越野性能的基础上，安装 76.2 毫米口径火炮，并将其正式命名为"百夫长"，也被译为"逊邱伦"。1945 年 4 月，6 辆"百夫长"主战坦克建造完成。因当时第二次世界大战接近结束，英国陆军决定直接把"百夫长"主战坦克配备给装甲部队，随作战部队参加德国境内的战斗，这次在战斗环境中接受检查的行动被称为"哨兵行动"。

生产量

1945~1962 年，英国总共生产了各型"百夫长"主战坦克 4 423 辆。

"百夫长"MK5 主战坦克基本数据

车长：9.829 米

车高：2.94 米

乘员：4 人

战斗全重：51.82 吨

最大公路速度：34.6 千米 / 时

最大公路行程：102 千米

庞大家族

"百夫长"主战坦克一共有 13 种型号，可谓家族庞大。各种型号的车体结构基本没有大的改动，车体为焊接结构，两块横隔板将车体分成前后三部分，坦克的前部左侧是储存舱，内装弹药和器材箱，右为驾驶舱。

39

"奇伏坦"主战坦克

  "奇伏坦"主战坦克是英国在 20 世纪 50 年代末 60 年代初设计并生产的一款主战坦克,这款坦克的设计初衷是替换"百人队长"主战坦克。1958 年,英国陆军提出了设计"奇伏坦"主战坦克的任务书,并在利兹皇家兵工厂和维克斯厂各建了一条生产线。1959 年底,第一辆样车研制完成。经过论证后,样车于 1961 年公开展出。1962 年 4 月,6 辆样车制造完成并交付部队试验。1963 年 5 月,"奇伏坦"主战坦克设计定型并投产,1965 年开始装备英国陆军。

> ❯ **炮塔**

  "奇伏坦"主战坦克的炮塔是用铸钢件和轧制钢板焊接而成的。

"奇伏坦"MK3 主战坦克基本数据

车长:10.79 米	
车高:2.55 米	
乘员:4 人	
战斗全重:51.46 吨	
最大公路速度:48 千米 / 时	
最大公路行程:400~500 千米	

▶ 战场表现

在"两伊"战争中,"奇伏坦"主战坦克在半沙漠的作战环境中展现了良好的综合性能。

▶ 生产总量

截止到 20 世纪 70 年代初期,英国共生产"奇伏坦"主战坦克 860 辆。

总体布局

"奇伏坦"主战坦克的驾驶舱在前部,战斗舱在中部,动力舱在后部。驾驶员的驾驶椅可向后倾斜,保证了舒适度。

"挑战者"主战坦克

"挑战者"主战坦克是英国在 FV4030/3 型坦克的基础上经过改进设计出来的,其总体布置与"奇伏坦"主战坦克相似,它的驾驶舱也是在车体前部,战斗舱在车体中部,动力舱在车体后部,车体和炮塔也采用乔巴姆装甲。在驾驶舱中,驾驶员的座位被设计在车体前部的中心位置,并且驾驶舱与战斗舱相通,驾驶员可以经通道进入战斗舱或离开坦克。

▶ 炮管

"挑战者"主战坦克的炮管在内膛磨损量达到极限值前不会因材料疲劳而报废,它的寿命为 500 发全装弹药。

▶ 防护能力

"挑战者"主战坦克的防护系统十分完善,乔巴姆装甲的使用大大提高了坦克的抗破甲弹和碎甲弹的能力,而且在体积和重量上并没有过多增加。

研制过程

从 20 世纪 60 年代开始,英国就一直致力于研制可以替代"奇伏坦"的后继型主战坦克。研制工作虽然中断过,"挑战者"主战坦克最终还是与世人见面了。

"挑战者"主战坦克基本数据

车长：11.56 米

车高：2.5 米

乘员：4 人

战斗全重：62 吨

最大公路速度：56 千米 / 时

最大公路行程：450 千米

"哈里德"主战坦克

为了满足约旦的使用需求,英国对原有的 FV4030/2 型主战坦克做了改进,并将其重新命名为"哈里德"主战坦克。与前期生产的"奇伏坦"主战坦克相比,"哈里德"主战坦克在火控系统和动力传动装置上都有较大的变化。1979 年,约旦订购了 274 辆"哈里德"主战坦克。不过改进后的"哈里德"主战坦克仍未能满足约旦军方的要求。于是,1987 年,约旦又花了数百万英镑向英国订购了自动灭火抑爆装置,并购进了大量 L23A1 式尾翼稳定脱壳穿甲弹。

▶ 主武器

"哈里德"主战坦克的主要武器是一门 L11A5 式线膛坦克炮,可以发射英国生产的所有 120 毫米口径坦克炮弹。

"哈里德"主战坦克基本数据

车长：10.79 米

车高：3.012 米

乘员：4 人

战斗全重：58 吨

最大公路速度：45 千米 / 时

最大公路行程：300 千米

机枪

"哈里德"主战坦克配备有并列机枪和高射机枪，自卫能力较强。

冷却系统

"哈里德"主战坦克的冷却系统由两个水散热器和三个混流式风扇组成，它们被安装在车体后部传动装置的上方。在冷却装置启动后，冷却空气会从装甲百叶窗进入车内，经散热器到达风扇，然后从装甲百叶窗排出车外。

▶瞄准装置

　　"哈里德"主战坦克上安装了84 号神鹰瞄准镜,该瞄准镜为昼夜合一型,能为车长提供 24 小时的昼夜观察能力、瞄准能力和射击能力。

德国坦克

"豹"1 主战坦克

"豹"1 主战坦克是德国自第二次世界大战后自主研制生产的第一辆主战坦克，它于 1965 年正式投入生产，由克劳斯·玛菲有限公司军械分部和克虏伯·马克机械制造有限公司制造。"豹"1 主战坦克在面世后受到了很多国家的青睐，其销售业绩相当可观，它被列装到全世界 4 个大陆 11 个国家的军队中。至 1984 年，"豹"1 主战坦克的生产数量多达 4 744 辆。由于现代化战争的技术升级需要，"豹"1 主战坦克的许多型号都曾被升级改造过。

"豹"1 主战坦克基本数据
车长：8.54 米
车高：2.38 米
乘员：4 人
战斗全重：40 吨
最大公路速度：65 千米/时
最大公路行程：600 千米

炮塔设计

"豹"1 主战坦克的炮塔为铸造结构，呈半球形，防盾外形狭长，位于车体中部上方。

车体设计

"豹"1 主战坦克的车体是用装甲钢板焊接制成的，前部是乘员舱，后部为动力舱。

49

"豹"2 主战坦克

20 世纪 60 年代初，联邦德国研制出了"豹"1 主战坦克。20 世纪 70 年代后期，联邦德国与美国签订协议，共同研制下一代主战坦克。由于设计思想的偏差，双方的协议被迫中止，各自设计后，联邦德国研制出了"豹"2 主战坦克。"豹"2 主战坦克由克劳斯·玛菲公司制造。1978 年底，"豹"2 主战坦克交付联邦德国国防军用于训练并陆续列装。"豹"2 主战坦克的火力系统强大，在当时看来，其总体性能已经达到了非常高的水平。

▶ 主炮

"豹"2 主战坦克的主炮为 RH-120 型 120 毫米滑膛炮，射击稳定且精度较高。

▶ 试验

联邦德国于 1972 年到 1975 年 12 月对"豹"2 主战坦克进行了射击试验，这次试验"豹"2 主战坦克共发射 105 毫米炮弹 3 742 发，发射 120 毫米炮弹 1 667 发。

设计特点

"豹"2 主战坦克车体外部覆有复合装甲，坦克内部有三个舱：位于坦克前部的驾驶舱，位于坦克中部的战斗舱和位于坦克后部的动力舱。

"豹"2主战坦克基本数据

车长：9.67 米

车高：2.48 米

乘员：4 人

战斗全重：55.15 吨

最大公路速度：72 千米 / 时

最大公路行程：550 千米

▶ 火控系统

"豹"2主战坦克的火力系统常被称为指挥仪式火控系统，包括三合一主瞄准镜、数字式火控计算机和火炮双稳随动系统等。

"豹"2A5 主战坦克

进入 21 世纪，为了适应更加残酷的作战环境，德国对"豹"2 主战坦克进行了改进，改进后的型号被命名为"豹"2A5 主战坦克。"豹"2A5 主战坦克于 1995 年正式装备德国国防军。该坦克主炮是莱茵金属公司的 120 毫米滑膛炮，辅助武器为 1 挺 7.62 毫米并列机枪和 1 挺 7.62 毫米高射机枪。炮塔后部两侧各有 8 个烟幕弹发射器。火炮采用双向稳定系统，火炮和炮塔的驱动装置为全电动，采用的弹药一种是 DM-13 超速尾翼稳定脱壳穿甲弹，一种是 DM-12 多用途破甲弹。

❯ 改进

"豹"2A5 主战坦克的炮管较长，这不仅加快了发射的速度，更增加了炮弹的有效射程。

▶ 先进设计

"豹"2A5 主战坦克采用全电式炮塔控制系统,既安全快捷又减少了噪音。

▶ 作战能力

"豹"2A5 主战坦克的车长和炮长可在全天候条件下追踪目标,二者均可开炮射击。

"豹"2A5 主战坦克精良的火控系统由克虏伯·阿特拉斯电子公司设计,包括一个激光测距仪和具备视场独立稳定功能的 EMES–15 型潜望式组合瞄准镜。

"豹"2A6 主战坦克

"豹"2A6 主战坦克是德国陆军装备的最后一种"豹"2 系列坦克。无论是火力、防护能力还是机动能力,"豹"2A6 主战坦克都属于世界领先的行列。"豹"2A6 主战坦克是世界上火力最强的坦克之一,在与其他坦克的对比试验中,"豹"2A6 主战坦克的火力打击能力和炮弹穿透能力都非常出众。目前,欧洲许多国家已把"豹"2A6 主战坦克作为主要引进兵器,"豹"2A6 坦克也因此一直畅销不衰。

"豹"2A6 主战坦克基本数据	
车长:9.61 米	
车高:2.48 米	
乘员:4 人	
战斗全重:60 吨	
最大公路速度:72 千米 / 时	
最大公路行程:550 千米	

▶ 坚固的炮塔

"豹"2A6 主战坦克的炮塔可以在一定程度上防御反坦克导弹和生化武器的攻击。

▶ 模块式装甲

"豹"2A6 主战坦克采用模块式装甲,防护能力较强,能轻松地抵御穿甲弹的进攻。

综合作战能力

长期以来，坦克的火力、防护力和机动力一直是既互相制约又互相促进的三大坦克设计要素。"豹"2A6主战坦克在一定程度上实现了这三个要素的动态平衡，因此，该坦克的综合作战能力位居世界主战坦克之首。

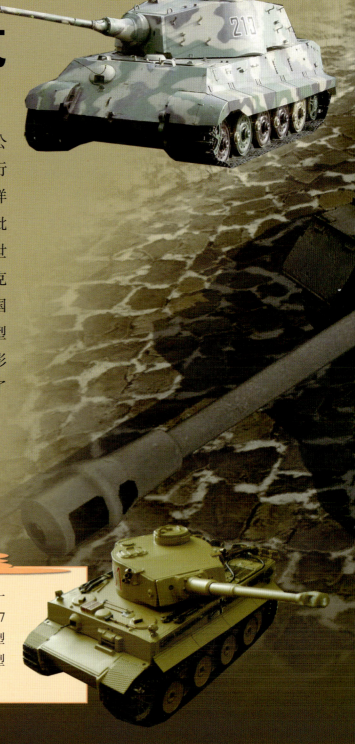

"虎"式重型坦克

　　1941年5月26日,德国亨舍尔和波尔舍公司开始研制重型坦克。1942年7月,对样车进行性能试验后, 德军最后选择了亨舍尔公司的样车,并将其命名为"虎"式重型坦克,随后开始批量生产。"虎"式重型坦克火力凶猛,在第二次世界大战期间,盟国军队甚至患上了"'虎'式坦克恐惧症"。"虎"式重型坦克强大的威慑力使英国将军蒙哥马利禁止一切报告提及它。而"虎"I型坦克更是成为第二次世界大战中具有传奇色彩的武器,它在军事爱好者、装甲狂热者之间成了一个永恒的流行主题。

》机动性

　　"虎"式重型坦克的机动性很差,很容易被机动性强的坦克绕到背后攻击。

强大攻击力

　　"虎"式坦克是德军经典重型坦克,它在一系列战斗中均显示出了非凡的身手。1944年7月,一辆属于506坦克大队的德军"虎"式重型坦克在3 900米的距离上摧毁了一辆T34中型坦克,由此足可见其火力之猛。

❯ 防护性

　　"虎"式重型坦克的正面装甲相当厚，即使正面直接被 T34 中型坦克或美制"谢尔曼"坦克击中，也不会影响其作战能力。

"虎"式重型坦克基本数据

车长：8.45 米

车高：2.8 米

乘员：5 人

战斗全重：57 吨

最大公路速度：38 千米／时

最大公路行程：150 千米

独特设计

"虎"式重型坦克的车轮采取交错的方式排列,这种排列方式不仅能够分散坦克的重量,提高坦克的越野能力,还能使坦克行驶起来更加平稳,增加乘员的舒适性。此外,这种排列方式还能在一定程度上减轻火炮射击产生的后坐力。

其他国家坦克

法国 AMX-30 主战坦克

AMX-30 主战坦克是伊西莱穆利诺制造厂在法国地面武器工业集团的指导下设计制造的，曾是二十世纪七八十年代法国地面武器的主力。第二次世界大战结束后,法国开始研制火力和机动性更加突出的主战坦克，但是并不十分注重防护性,AMX-30 主战坦克就是这样的设计思想的产物。设计人员在保证机动性的前提条件下，通过改进外形和缩小尺寸等方法提高 AMX-30 主战坦克的防护性，而不是单纯地依靠高成本的防护装甲。

▶ 装备情况

AMX-30 主战坦克除装备法国陆军外，还大量出口，其中,西班牙获得了特许生产权。

AMX-30 主战坦克基本数据

车长：9.48 米

车高：2.86 米

乘员：4 人

战斗全重：36 吨

最大公路速度：65 千米／时

最大公路行程：600 千米

作战目标

在 AMX-30 主战坦克研制成功后，法国还无力大量生产和装备该坦克，于是，法国陆军将陆军地面装甲部队的作战目标定为：依靠 AMX-30 主战坦克的远程火力，保证首发命中率，以抵消敌方坦克的数量优势。

法国 "勒克莱尔" 主战坦克

为替换正在服役的 AMX-30B2 主战坦克,同时也为了打开国际市场,法国地面武器集团研制了新一代主战坦克——"勒克莱尔"主战坦克,该坦克于 1993 年正式列装法国陆军。"勒克莱尔"主战坦克的研制工作始于 1978 年,并于 1983 年进入技术验证阶段。1986 年 1 月 30 日,该新坦克被命名为 AMX "勒克莱尔"主战坦克,以纪念第二次世界大战期间率领法国装甲 2 师解放巴黎的法国元帅菲利普·勒克莱尔。

"勒克莱尔"主战坦克基本数据

车长:9.87 米	
车高:2.7 米	
乘员:3 人	
战斗全重:53 吨	
最大公路速度:71 千米 / 时	
最大公路行程:550 千米	

❯ 复合装甲

"勒克莱尔"主战坦克装备了钛合金复合装甲,战场生存能力非常强。

▶ 隐身性能

"勒克莱尔"主战坦克在隐身性能方面可圈可点,其装备一套多效能隐身组件,能够实现视觉迷彩、抑制电磁波和红外线反射等功能。

▶ 未来发展

2015 年,法国将对"勒克莱尔"主战坦克实施机动性和杀伤性等方面的改进提升。

性能特点

"勒克莱尔"主战坦克有 6 个突出的设计特点,即大威力火炮、自动装弹机、先进火控系统、超高增压柴油机、模块化装甲和战场管理系统,堪称第三代坦克中的后起之秀。

意大利 "公羊" 主战坦克

"公羊"主战坦克又被称为 OF40 主战坦克，是意大利奥托·梅拉拉公司和菲亚特公司为出口市场而研制的。该坦克的车体用焊接方法制成，共分为 3 个舱，即驾驶舱、战斗舱和动力舱。坦克炮塔安装在车体中部上方，也是焊接而成。炮塔及车体的正面装甲的倾角极大，这是"公羊"主战坦克的重要识别特征。坦克内安装有 120 毫米滑膛炮、热像仪，可在行进间对运动目标进行射击，夜间作战能力极强。坦克上装有核生化防护系统，能够有效地过滤放射性尘埃和化学战剂。

总体特点

"公羊"主战坦克的驾驶舱位于车体前右侧，战斗舱在车体中部，动力舱位于车体后侧。驾驶舱顶部有一个单扇舱盖，方便驾驶员出入，驾驶舱左侧的车体前部空间装有三防装置和 42 发 105 毫米炮弹。

❯ 特殊设计

为防止炮塔和车体结合部位卡弹，"公羊"主战坦克配备了弹道偏离装置。

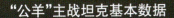

"公羊"主战坦克基本数据

车长：9.67 米

车高：2.67 米

乘员：4 人

战斗全重：54 吨

最大公路速度：65 千米 / 时

最大公路行程：230 千米

> **防护能力**

  "公羊"主战坦克的装甲防护系统优良，同时为提高车体侧面防护能力，该坦克还装设了用钢材加固的橡胶裙板。

瑞士 Pz61 主战坦克

Pz61 主战坦克是瑞士于 1961 年研制完成的主战坦克。该坦克突出了"引进与独立研制并重的原则",Pz61 主战坦克虽然有很多部件的设计理念都是从国外引进的,但在车辆布局和总体性能方面又独具瑞士特色,综合性能比较出色。Pz61 主战坦克为传统结构,车体和炮塔均为整体铸件,车体分为三个舱,前部是驾驶舱,中央是战斗舱,后部是动力舱。该坦克的炮塔没有尾舱,车长和炮长位于半球形炮塔内的火炮右侧,装填手在左侧。

坦克炮

Pz61 主战坦克的主炮是经过本国改造的英国 105 毫米 L7A1 坦克炮,改进后的坦克炮可发射瑞士自行研制的常规脱壳穿甲弹、碎甲弹和烟幕弹。

机动性

Pz61 主战坦克动力强劲,并配备液压转向装置,可实现无级和连续转向。

辅助武器

Pz61 主战坦克的辅助武器是主炮左侧的 7.5 毫米 MG51 机枪。

Pz61 主战坦克基本数据

车长:9.45 米

车高:2.72 米

乘员:4 人

战斗全重:38 吨

最大公路速度:55 千米 / 时

最大公路行程:350 千米

瑞士 Pz87 主战坦克

早在 20 世纪 70 年代，瑞士陆军就曾提出过购买国外主战坦克的计划，所以当该计划被批准后，早有准备的瑞士陆军便迅速开始实施采购计划。1983 年 8 月，瑞士最终选定了德国的主战坦克，并将该坦克命名为 Pz87 主战坦克。前 35 辆坦克由德国克劳斯 – 玛菲公司直接交货，其余坦克在瑞士本土特许生产，主承包商是瑞士康特拉弗斯公司，最后组装在图恩的联邦制造厂完成。

▶ 性能特点

Pz87 主战坦克采用了数字式弹道计算机，火控系统可外接，以便于使用射击和战斗模拟装置。

采购背景

20 世纪 80 年代，瑞士急于换装 Pz61 主战坦克，但由于研制经费紧张、时间紧迫，瑞士为了尽快更换新一代主战坦克，在自行研制的同时，决定在国际市场上寻找适合本国国情的主战坦克。

Pz87 主战坦克基本数据

车长：7.2 米

车高：2.2 米

乘员：4 人

战斗全重：42 吨

最大公路速度：60 千米 / 时

最大公路行程：420 千米

瑞典 Strv-103 主战坦克

　　Strv-103 主战坦克是世界上现役主战坦克中最有特点的一款坦克,该型坦克从 1966 年到现在一直在瑞典陆军中服役。在 Strv-103 主战坦克上取消炮塔可以说是瑞典人因地制宜做出的符合本国国情的决定。首先,瑞典是一个多沼泽和冰雪地面的国家,这要求坦克要具有很高的机动性,所以坦克的战斗全重越轻越好;其次,取消炮塔后乘员减至三人,可以缓解瑞典军队培养坦克乘员的压力。

设计特点

　　Strv-103 主战坦克是目前世界上出现最晚的无炮塔坦克,也是世界上最先使用燃气轮机的坦克。

Strv-103 主战坦克基本数据

车长:8.99 米

车高:2.14 米

乘员:3 人

战斗全重:42.5 吨

最大公路速度:50 千米 / 时

最大公路行程:390 千米

❯ 火炮

Strv-103 主战坦克的火炮固定在前部装甲上,瞄准射击是通过履带的转向和车体的上下俯仰实现的。

波兰 PT-91
主战坦克

PT-91 主战坦克是波兰重型工程制造公司布玛尔－莱贝蒂公司在俄罗斯T72-M1 主战坦克的基础上研发出来的一种新型主战坦克。该坦克技术先进，性能稳定，是波兰目前的主力坦克。PT-91 主站坦克采用了当时最先进的爆炸式反应装甲，车体正面、炮塔正面和侧面均装有紧密排列的爆炸式反应装甲，这大大提高了该坦克的防护能力和战场生存能力。另外，PT-91 主战坦克装备计算机火控系统和引擎操作系统，自动化程度较高。

> ▶ 使用情况

到 20 世纪 90 年代末期停产时，共有 186 辆 PT-91 主战坦克在波兰陆军服役。

PT-91主战坦克基本数据

车长:9.67米

车高:2.19米

乘员:3人

战斗全重:45.3吨

最大公路速度:60千米/时

最大公路行程:650千米

罗马尼亚
TR-85 主战坦克

TR-85 主战坦克基本数据

车长：9.96 米

车高：3.1 米

乘员：4 人

战斗全重：42 吨

最大公路速度：64 千米／时

最大公路行程：500 千米

由于地缘的关系，罗马尼亚深受苏联的影响，尤其是其军工产业方面。罗马尼亚的军事装备多从苏联进口，经过一段时间的研究之后，才会有自己的衍生品，罗马尼亚的 TR-85 主战坦克就是典型的从苏联 T55 坦克改装而成的新型坦克。

TR-85 主战坦克以其良好的性能著称，因此，在罗马尼亚部队中大约有六百多辆该型主战坦克正在服役。而且，罗马尼亚军方正在与西欧公司合作，以便研制一种适应多国国情的改装车型，以促进本国军工产品的出口外销。

▶ **激光测距仪**

TR-85 主战坦克安装有从中国引进的激光测距仪。

主要改进

TR-85 主战坦克在外形上与 T55 坦克很像，但是它的很多设备经过改装设计，如该坦克装备德国制造的柴油发动机、使用凹形车轮、配备新式火炮等。

▶ 预警系统

TR-85 主战坦克配备主动防御警告器，只要坦克被瞄准，警告器就会向车内人员发出警报。

南斯拉夫 M84 主战坦克

M84 主战坦克是南斯拉夫在冷战时期自主研制的一款新型坦克，该坦克是南斯拉夫人在苏联的T72 主战坦克的基础上研制出来的，它加入了很多南斯拉夫本国生产的零部件,如激光测距仪、夜视仪等设备。由于其良好的性能,该款坦克被誉为"巴尔干雄狮"。M84 主战坦克也有很多变型车种,如一些指挥车和装甲侦察车等。M84 及其升级产品在 20世纪 90 年代的巴尔干地区应用很广泛,几乎每场战役都会有 M84 主战坦克的身影。

▶ 改装

1988 年,M84 主战坦克被大幅改装,新增了缓冲式装甲和计算机火控系统。

炮弹

M84 主战坦克发射的 APFSDS 弹是南斯拉夫自行研制生产的，该弹采用弹头和发射火药分离的设计，可贯穿 2 000 米外、厚 380 毫米、垂直放置的均制钢装甲。

M84 主战坦克基本数据

车长：9.53 米

车高：2.23 米

乘员：3 人

战斗全重：42 吨

最大公路速度：72 千米／时

最大公路行程：695 千米

乌克兰
T-84 主战坦克

苏联解体后，继承了其先进的坦克制造工艺的乌克兰开始着手研制新型坦克。这种新型坦克是在苏联 T80 主战坦克的基础上改进而成的，但是所有零部件都由乌克兰本国自行生产，该坦克被命名为 T-84 主战坦克。乌克兰 T-84 主战坦克是当代世界优秀的主战坦克之一，它继承了苏联 T64、T80 主战坦克的优秀性能，尤其是其火力、机动性、防护力相对于 T80 主战坦克已有大幅提升。

▶ 机动性

T-84 主战坦克机动性能优异，即使在野战条件下也能以 50 千米 / 时的速度行驶。

改进型号

20 世纪 90 年代后期，乌克兰在 T-84 主战坦克的基础上又研制出了 T-84U 主战坦克，该坦克由乌克兰和土耳其两国共同制造。

T-84 主战坦克基本数据

车长:7.71 米

车高:2.3 米

乘员:3 人

战斗全重:48 吨

最大公路速度:66 千米 / 时

最大公路行程:544 千米

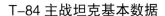

▶ 发动机

　　T-84 主战坦克采用功率为 1 200 马力的 6 缸柴油发动机。

▶ 两栖坦克

　　T-84 主战坦克可以直接涉过水深 1.8 米的河流,若加装通气筒,涉水深度可达 5 米,是一种典型的水陆两栖坦克。

以色列"梅卡瓦"系列主战坦克

　　"梅卡瓦"1 坦克于 1979 年正式装备以色列陆军,曾参加过中东战争,并在战争中表现出色。该型坦克的设计强调了防护性,它也是世界上唯一一种发动机前置的现役主战坦克。1983 年投产的"梅卡瓦"2 主战坦克外观与"梅卡瓦"1 主战坦克差别不大,但各方面性能均有显著提高:防护能力大大改善,在正面和侧面部位均采用复合装甲,在炮塔尾舱下面垂吊有铁链作为对破甲弹的屏蔽措施;炮塔两侧和车体正面均加装附加装甲块,原本的钢制侧裙板改为特殊装甲结构。

"梅卡瓦"3 主战坦克

　　"梅卡瓦"3 主战坦克于 1989 年批量生产,外形上与前两种型号无太大区别,但几乎所有主要部件全部更新。

"梅卡瓦"1 主战坦克基本数据

车长：8.63 米	
车高：2.75 米	
乘员：4 人	
战斗全重：60 吨	
最大公路速度：46 千米 / 时	
最大公路行程：400 千米	

❯ 先进设计

"梅卡瓦"3 主战坦克是世界上最先采用模块化装甲设计的坦克，并采用全方位防护概念设计。

❯ 灭火抑爆装置

"梅卡瓦"系列主战坦克上的自动灭火抑爆装置，可在 60 秒内抑制并扑灭油气燃烧。

埃及 T-54 主战坦克

埃及是北非的军事强国，其军事装备更是值得世人关注。在埃及军事装备史上很出名的 T-54 主战坦克由 T-44 坦克演变而来。T-54 主战坦克是典型的前部突出式坦克，它有很多变型车种，如救援车、推土车、战斗工程车、火焰喷射车等多种类型。T-54 主战坦克服役期间参加了著名的阿以战争，但是，在与以军的对抗中，该坦克并没有表现出良好的性能，甚至有些不堪一击。

T-54 主战坦克基本数据

车长：6.45 米

车高：2.1 米

乘员：4 人

战斗全重：36 吨

最大公路速度：48 千米 / 时

最大公路行程：402 千米

车体设计

T-54 主战坦克车体的左前部是驾驶舱，炮塔左侧是车长和炮手，右侧则是装填手，坦克的引擎横放在车体后部。

设计特点

T-54 主战坦克车体为全焊接式结构，防护性强且便于升级改造。

副武器

T-54 主战坦克的炮塔上有两挺 7.62 毫米口径机枪和一挺 12.7 毫米口径机枪。

韩国 K1 系列主战坦克

　　韩国人对 K1 系列主战坦克充满自豪,认为它是"最适合在韩国使用的主战坦克"。相对较轻的车体、良好的越野机动性和独特的混合式悬挂系统使 K1 系列主战坦克在朝鲜半岛崎岖的山地中也能行动自如。K1A1 坦克是韩国陆军现役主战坦克,由于它套用了美国 M1A1 坦克的许多现成技术,所以也有人叫它"克隆小 M1A1"。

▶ **未来格局**

　　从 1997 年开始,韩国开始将大批量 K1 主战坦克改装成 K1A1 主战坦克。未来,韩国地面装甲部队将会形成 K1A1 为主、K1 为辅的格局。

K1A1 主战坦克基本数据

车长：9.71 米

车高：2.5 米

乘员：4 人

战斗全重：54.5 吨

最大公路速度：62 千米 / 时

最大公路行程：430 千米

❯ 综合性能

　　K1 系列主战坦克的综合性能出色，是韩国在近几十年中最优秀的坦克。

　　近年来，韩国将一系列现代高科技应用于 K1 系列主战坦克的改良与发展上，从而使 K1 系列主战坦克在夜战能力和防护能力方面又有了长足进步。

日本 90 式主战坦克

  90 式主战坦克的火控系统十分先进，由观察瞄准装置、激光测距仪、数字式弹道计算机和指挥仪式瞄准装置等构成。90 式坦克的主炮为德国莱茵金属公司授权日本生产的 120 毫米滑膛炮，身管长是口径的 44 倍，装有热护套、抽气装置和炮口校正装置，还装有反后坐装置。该炮配有三菱重工研制的自动装弹机，射速可达 11 发 / 分。

数字式弹道计算机

  90 式主战坦克的数字式弹道计算机可根据横风传感器测得的数据及目标距离、视差修正量、大气压力等数据计算火炮的瞄准角和提前量，使瞄准镜十字线自动锁定目标。

▶▶ 自动追踪与锁定

  90 式主战坦克的火控系统具有目标自动追踪与锁定能力，车长或炮长只需锁定重要目标，火控系统便可以实施跟踪攻击。

90 式主战坦克基本数据

车长	9.7 米
车高	2.6 米
乘员	3 人
战斗全重	52 吨
最大公路速度	70 千米 / 时
最大公路行程	300 千米

❯ 辅助武器

　　90 式主战坦克的辅助武器包括一挺 74 式 7.62 毫米并列机枪和一挺 12.7 毫米高射机枪，其弹药基数分别为 450 发和 600 发。

印度“阿琼”主战坦克

1974年，印度开始研制新一代“阿琼”主战坦克。该坦克的整体设计思路接近“豹”2主战坦克，采用平直装甲，外形方正。“阿琼”主战坦克对运动目标的反应与捕捉能力较好，具有昼夜全天候捕捉目标和精确命中的能力。“阿琼”主战坦克的指挥仪、火控系统按其技术特征来看，已处在世界先进水平。炮长拥有双向稳定的昼间／激光测距／热成像“三合一”瞄准镜，其中热成像瞄准镜有3个放大倍率，夜间视距可达3 000米，已超越海湾战争中美国使用的M1A1主战坦克。

> ▶ **研制计划**

　　“阿琼”主战坦克的研制计划共耗资约35亿美元。

88

▶ 主炮

"阿琼"主战坦克的主要武器是一门 120 毫米线膛坦克炮，可发射尾翼稳定脱壳穿甲弹、榴弹、破甲弹、碎甲弹和烟幕弹。

"阿琼"主战坦克基本数据

车长：10.19 米	
车高：2.32 米	
乘员：4 人	
战斗全重：52 吨	
最大公路速度：72 千米 / 时	
最大公路行程：400 千米	

▶ 瞄准装置

"阿琼"主战坦克配备独立的双向稳定周视瞄准镜，使车长能在行进间独立地追踪目标。

快速攻击

"阿琼"主战坦克先敌射击的能力较强，这也在一定程度上提高了该坦克在战场上的生存能力。

图书在版编目(CIP)数据

陆战之王——坦克 / 崔钟雷主编. -- 北京：知识
出版社，2014.6
　（经典兵器典藏）
　ISBN 978-7-5015-8019-4

　Ⅰ．①陆…　Ⅱ．①崔…　Ⅲ．①坦克 –世界 – 青少年读
物　Ⅳ．①E923.1–49

中国版本图书馆 CIP 数据核字（2014）第 123729 号

陆战之王——坦克

出 版 人	姜钦云	
责任编辑	李易飏	
装帧设计	稻草人工作室	
出版发行	知识出版社	
地　　址	北京市西城区阜成门北大街 17 号	
邮　　编	100037	
电　　话	010–51516278	
印　　刷	莱芜市新华印刷有限公司	
开　　本	787mm×1092mm　1/24	
印　　张	4	
字　　数	100 千字	
版　　次	2014 年 7 月第 1 版	
印　　次	2014 年 7 月第 1 次印刷	
书　　号	ISBN 978-7-5015-8019-4	
定　　价	24.00 元